NOTICE

SUR LE PASTEL

(*ISATIS TINCTORUM*),

SA CULTURE ET LES MOYENS D'EN RETIRER L'INDIGO.

NOTICE SUR LE PASTEL

(*ISATIS TINCTORUM*),

SA CULTURE ET LES MOYENS D'EN RETIRER L'INDIGO;

Hæc planta multò meliùs tingit quàm indigo.
(Ray, *Hist. plant.* Londres, 1686.)

Par M. de PUYMAURIN,

Député au Corps-Législatif, Associé correspondant des Sociétés d'agriculture et d'encouragement de Paris, des Académies des sciences et d'agriculture de Toulouse, de celle de Stockholm, etc.

(Extrait du Moniteur. Septembre 1810.)

A PARIS,

CHEZ HENRI AGASSE, IMPRIMEUR-LIBRAIRE,
rue des Poitevins, N°. 6.

1810.

NOTICE

SUR LE PASTEL

(*ISATIS TINCTORUM*),

SA CULTURE ET LES MOYENS D'EN RETIRER L'INDIGO.

PREMIERE PARTIE.

CETTE plante du genre de la tètra dinamie siliqueuse et de la famille des crucifères, est indigene sous presque tous les climats de l'Europe, en Italie, en Angleterre, dans le ci-devant Piémont, dans la Turquie, en Autriche, à Corfou, dans le Calvados, dans la Belgique, dans les départemens de Vaucluse, du Tarn, Haute-Garonne, Aude, etc.

Les Grecs l'appelaient *ισατις ηρηρος*, *isatis ;*

Les Romains, de son nom celtique *glass*, *bleu* (glastum satitum) ;

Les Allemands, *waid ;*

Les Anglais, *woade ;*

Les Italiens, *guado* (1) ;

---

(1) Une ville d'Italie a été appelée *Guado*, à cause de la quantité de pastel, *guado*, que l'on y cultivait.

Les habitans de Corfou, *vasi*, teinture;

Les Polonais, *silito ;*

Les Français, *guesde*, *wouede ;*

Les habitans du midi de la France et les Espagnols, *pastel.*

C'est sous ce dernier nom qu'est connue la pâte que l'on fabrique avec ses feuilles et qui sert à la teinture en bleu.

Le pastel a la racine pivotante, assez grosse, et pourvue de fibriles.

Elle est fusiforme et bisannuelle ; sa tige est haute de trois ou quatre pieds, velue, très-rameuse ; les feuilles alternes, presque glabres ; les inférieures, petiolées, lancéolées et fort grandes ; les supérieures, amplexicaules et sagittées ; les fleurs, jaunes, disposées en panicules à l'extrémité des tiges et des rameaux, et chacune composée d'un calice de quatre folioles, d'une corolle de quatre pétalles, de six étamines, dont deux plus courtes, d'un ovaire supérieur surmonté d'un stile à stigmate épais ; le fruit est une félicule en cœur allongé, monosperme, à deux valves carinées.

Le pastel fournit un excellent fourrage aux brebis pendant l'hiver ; il résiste à ses rigueurs, et il végète pendant les plus fortes gelées, quand il est couvert de neige. M. Boadbeh, dans le n° 2 de la feuille du Cultivateur, 7 nivose de l'an 3, le regarde comme un des fourrages verts, les plus utiles à donner aux brebis pendant cette saison ; il prétend que le sel nitreux (2), que le pastel contient, sa saveur piquante et sa qualité d'atténuer et de diviser les humeurs, donnent au pastel le rare avantage de suppléer au sel marin que l'on devrait donner aux brebis pour les maintenir en état de santé, de force et de vigueur.

Comme remede, le pastel est regardé comme résolutif, vulnéraire et astringent; *tumores discussit, vulnera glutinat, hemorhoidon sistit, ignem sacrum, phagædenæ ulcera putrida sanat.*

Ces qualités auraient fait reléguer le pastel dans la classe des plantes médicinales, déjà si nombreuses, s'il n'en possédait une bien plus précieuse celle de fournir une couleur bleue que les acides et les alcalis ne peuvent altérer.

Tous les habitans des pays où naissait le pastel avaient reconnu cette propriété; les épouses des sauvages, habitans de la Grande-Bretagne, se teignaient le corps avec le suc du *glastum*, et paraissaient noires; les Germains, selon Ovide, teignaient avec le pastel leur chevelure blonde, ainsi que leur visage.

Theophrastus Eresius dit : *In Neustriâ quoque Galliæ et apud ejus provinciæ Bellocassos, glastum seritur et colitur, dilectiùs quidem in pannis tingendis.... Apud Tectosages* (3) *tamen frutico-*

---

(2) Lorque l'on fait chauffer au rouge des feuilles de pastel, le nitre qu'elles contiennent fuse d'une maniere sensible à l'œil.

(3) Les habitans du Lauraguais, près de Toulouse.

sum et utile est. Il donne les détails de sa culture et de sa fabrication tels qu'on les pratique aujourd'hui.

L'art de soumettre le pastel à la fermentation, et de teindre les étoffes avec ce qu'on appelle à présent la cuve du pastel, était connu des Anciens. On se plaignait même qu'avec la craie colorée par la matiere bleue retirée des fleurées de la cuve, on contrefaisait l'indigo, alors très-rare, et qui était réservé à l'usage des peintres.

Le pastel était cultivé dans toutes les contrées de l'Europe; mais la force et la quantité de son principe colorant différait comme les sols et le climat où il était recueilli. Celui des environs de Toulouse, du Lauraguais, c'est-à-dire l'ancienne sénéchaussée de Toulouse, qui répond aux départemens du Tarn, de la Haute-Garonne, et la partie occidentale du département de l'Aude, était regardé comme le meilleur, aussi Dubartas l'appelle-t-il l'herbe lauraguaise (4).

Olivier de Serres, avec sa naïveté et son exactitude ordinaire, nous donne des détails précieux sur le cas que l'on faisait dans le seizième siécle du pastel recueilli dans les environs de Toulouse. Nous rapporterons ses propres expressions :

---

(4) Quoique la fertilité des terres du Haut-Languedoc et le profit qui revenait à ses habitans de la culture du pastel, l'ait fait nommer justement le pays de Cocagne, puisque la cocagne, qui n'est autre chose que le pastel, le rendait le pays le plus heureux et le plus riche. (*Inst. sur les teintures*, page 271).

« La Calabre, l'Italie, principalement la Marche d'Ancône, abondent en guesde; il y en a même au territoire d'Erfort, en Allemagne; mais par-deçà en tout ce royaume ne vient bon qu'en Lauraguais, comme les expériences réitérées de plusieurs bons ménagers le font croire, lesquels s'étant efforcés d'élever cette plante en différens endroits avec soins et observations requises du terroir, de la culture et du maniement de l'herbe, ont trouvé le pastel en provenant, si faible et si petit, que la dépense surpassant le gain, fait laisser le maniement de cette riche herbe au Lauraguais, sa patrie naturelle. *Naturellement sans moyen, le pastel fait la couleur bleue*, et par mélange avec d'autres drogues, la tanée, la noire, la violette, la grise, la verte; en somme il est employé à toutes couleurs obscures; de lui-même aussi *seul*, en causant de célestes comme plus ou moins chargées, et ce qui est notable, rend toutes les couleurs assurées et sans nul fard. Pour laquelle cause en telle réputation est le pastel parmi les teinturiers en drap de laine, comme presque *le bled* entre les ménagers, d'autant qu'ils ne peuvent se passer d'une telle drogue. C'est l'utilité du riche pastel duquel a telle cause grande trafique est faite en Europe, même en ce royaume, spécialement ez-quartiers de Tôlôso là très-bien connu. »

Ce précieux passage d'Olivier de Serres, nous apprend que de son tems le pastel *seul* était employé pour teindre en diverses couleurs et en bleu, les draps et les étoffes de laine dont s'habillaient les simples bourgeois, comme les fastueux courtisans de François Ier, d'Henri III, et des autres souverains, connus par leur luxe et leur munificence.

La bonne qualité du pastel de Lauraguais lui avait procuré la préférence dans tous les marchés de l'Europe, même dans les pays où on le cultivait en grand. L'état de guerre où étaient les contrées avec la France, ne paralysait point ce commerce.

Le roi Henri II, par son sauf-conduit, daté de Châlons en l'année 1552, «permet à ses bien-aimés les bourgeois et marchands de Toulouse, de porter en Flandres, Portugal, Espagne, Angleterre, leur *pastel* qu'ils ont accoutumé de débiter, et cela par les vaisseaux espagnols, portugalais, anglais, flamands, sterlins (5), l'en faire conduire par eux ou leurs serviteurs.»

L'Angleterre et la Flandres, qui étaient alors les contrées de l'Europe où l'on fabriquait le plus de draps, étaient obligées de venir chercher notre pastel avec leurs vaisseaux; pourvu, disent les termes du sauf-conduit, *qu'ils ne soient aucunement armés d'armes offensives ni défensives*, *en payant nos droits*, *traite*, *impositions foraines et subsides à nous dus*.

Voilà quel était l'état d'humiliation où le besoin de cette précieuse denrée réduisait nos éternels rivaux, en les obligeant de venir désarmés, au milieu de la guerre la plus vive, chercher une

(1) Sterlins, vaisseaux de la Ligue des villes anséatiques.

teinture que leur sol ne pouvait leur fournir, et dont leurs manufactures ne pouvaient se passer.

Le Haut-Languedoc était, au 16e siécle, à l'égard du reste de l'Europe, ce que Saint-Domingue a été avant la révolution. Deux cent mille balles de pastel, partant tous les ans de Bordeaux, attiraient dans le Toulousain le numéraire du reste de l'Europe ; les habitans de Toulouse avaient à Bordeaux des vaisseaux armés en leur nom, des facteurs dans les principales villes de l'Europe. Le riche Beruni, qui fut une des cautions de la rançon de Francois Ier, avait acquis ses richesses dans le commerce du pastel, et les plus grandes fortunes de cette ville tiraient leur origine de ce même commerce. François Ier mit un nouveau droit sur l'exportation du pastel en 1529 ; mais, sur les représentations des Etats du Languedoc, il le supprima. Enfin, malgré les guerres étrangeres et les premieres guerres de religion, le commerce du pastel en coque ou *cocagne* avait tellement enrichi les habitans du Languedoc, que, pour désigner un pays riche et abondant, on l'appelait un pays de cocagne.

Quand le pere de notre agriculture, Olivier de Serres, se complaisait dans la description des propriétés du pastel, d'une plante si utile à sa patrie, il ne se doutait pas que l'époque approchait où le Lauragais perdrait cette partie si importante de son industrie, de son agriculture, et qu'il ne conserverait que le triste souvenir de son ancienne opulence dans la surcharge d'impositions territoriales qu'elle lui avait attirées. (6)

Ce fut dans le commencement du 17e siécle que l'indigo fut employé dans les teintures en laine par des teinturiers lyonnais. Comme on ne connaissait pas encore l'art de l'allier au pastel par une fermentation commune, les teintures qu'ils obtinrent, n'eurent aucune solidité. Henri IV, par un arrêt de son conseil, condamna à la peine de mort, en 1609, tous ceux qui emploieraient une drogue fausse et pernicieuse, appelée *indè*. Quoique les gouvernemens de Hollande, d'Allemagne, d'Angleterre n'eussent pas le même intérêt que celui de France à la prohibition de l'indigo, ils l'imiterent, et l'ordonnance d'Henri IV était tombée en désuétude, lorsqu'en Angleterre cette prohibition était sévérement maintenue.

Peu-à-peu l'usage de l'indigo prévalut, son emploi plus aisé et plus productif, la beauté de la couleur qu'on obtenait, sa solidité par son alliance avec le pastel, l'épargne du temps, du combustible, peut-être même l'empire de la mode, toutes ces circonstances se réunirent pour faire perdre au pastel le premier rang dans les drogues de teinture.

---

(6) Les Etats de Languedoc assignaient tous les ans aux diocèses d'Alby et de Toulouse une somme considérable, prise sur les produits de l'équivalent (impositions sur les consommations), pour leur être employée en moins-imposé; à la révolution, l'équivalent a été supprimé ; le moins-imposé n'a plus existé ; la même base des impositions a été suivie, et le Lauraguais est resté surchargé.

Le pastel ne servant plus que d'excipient pour dégager et donner de la solidité à la couleur de l'indigo , le pastel du Nord put servir à cet emploi, comme celui du Lauraguais, et on ne rechercha plus ce dernier (7).

La facilité de l'emploi de l'indigo, fut cause que, n'employant plus le pastel seul, comme du temps d'Olivier de Serres, on perdit de vue les procédés des Anciens, que l'expérience de plusieurs siécles avait consacrée pour en retirer de belles nuances, et dans ce moment peut-être n'existe-t-il pas un seul teinturier qui sût obtenir du pastel seul, une belle couleur bleue, bien unie.

L'usage du pastel, étant entièrement décrédité, son prix baissa, et avec lui, diminuèrent aussi les précautions prises pour la cueuillette de ses feuilles; pour graduer les fermentations nécessaires pour développer son principe colorant. L'avilissement du prix entraînant celui de la denrée (8), les propriétaires melerent indifféremment toutes les récoltes, commirent même dans ce mélange des fraudes punissables, et les milliers de balles de pastel qui rendaient tributaires de notre agricul-

(7) Le défaut du débit du pastel a fait perdre plus de quarante millions, au haut Languedoc, depuis le commencement du siècle (Inst. sur les teintures, pag. 284.)

(8) On a bien reconnu que l'indigo que les Espagnols, Génois, Anglais et Hollandais ont débité dans la France, à empéché le débit de notre pastel; mais on n'a pas voulu reconnaître que la négligence de sa culture ou de son appert, y ait autant contribué que le reste (Inst. sur les teintures, pag. 285.)

ture le reste de l'Europe, sont remplacés par trois mille quintaux de pastel, que l'on recueille encore dans le département du Tarn, et dont la conservation de la culture est due aux soins et au zele de M. Philippe Boyer, d'Alby, faisant ce commerce de père en fils, et avec la plus grande fidélité et exactitude.

Le prix du quintal, poids de table, c'est-à-dire, 80 livres, poids de marc, est de 22 liv.; depuis cinquante ans, il a varié, depuis 16 liv. jusqu'à 36 liv. Pendant les dix-huit ans qui viennent de s'écouler, il n'a pas été au-dessous de 27 liv.

Mais écartons ce funeste tableau, un jour plus heureux va luire sur ma patrie; la culture du pastel l'enrichira de nouveau; les propriétaires retireront, de cette plante, l'indigo qui y est disséminé, et nos fabriques seront délivrées du tribut qu'elles paient à une industrie et à une culture étrangeres. M. Greene, en Autriche, a retiré trois livres d'indigo par quintal, d'un pastel bien inférieur en qualité à celui du Lauraguais. Cet indigo, il est vrai, n'est pas d'une couleur aussi belle que celui de l'Amérique; mais celui qui ne s'est jamais occupé des arts, que pour les éclairer par ses expériences, celui qui a si heureusement appliqué la chimie aux arts et à l'agriculture, le sénateur Chaptal, par un procédé particulier et très-aisé à pratiquer, a donné à cet indigo la couleur la plus brillante et l'apparence la plus flatteuse : il ne s'agit que de le laver avec l'acide muriatique, extrêmement affaibli par son mélange avec l'eau.

Que cette heureuse expérience encourage vos efforts, habitans de la Haute-Garonne et du Tarn, qu'une nouvelle culture vous procure une aisance qui vous est presqu'inconnue; que l'indigo retiré du pastel remplace celui que nous achetons à nos ennemis naturels, et que les sommes immenses employées à cet achat, vivifient désormais votre agriculture et votre commerce.

Voulant vous faciliter les moyens de cultiver avec succès le pastel, j'ai traduit et extrait de différens auteurs anglais et italiens, des préceptes de culture dont nous avions perdu le souvenir. Je les ai réunis aux observations extraites de plusieurs traités français sur l'agriculture. J'ai cru devoir mettre sous vos yeux les différens procédés employés pour la fabrication de l'indigo, celui de Dambourney en France, et de Green en Autriche pour le retirer du pastel, afin que, guidés par ces procédés, vous puissiez tenter avec succès l'extraction de la fécule de l'indigo qui y est contenue. J'y ai joint aussi un extrait de l'analyse du pastel, par M. Chevreuil, qui, en vous instruisant des principes contenus dans ce végétal, vous facilitera les moyens d'en débarrasser sa partie colorante : je desire que cette notice puisse vous être utile, mérite vos suffrages, et vous prouver l'amour et la reconnaissance que je conserverai toujours pour un pays qui m'est cher, dont les habitans m'ont donné des marques si flatteuses de leur estime et de leur confiance.

SECONDE PARTIE.

De la culture du pastel. — Choix du terrain.

On doit porter la plus grande attention à la qualité de la terre destinée à être semée en pastel.

Les terres grasses et fertiles, au premier et second degré, et les terres maigres et sablonneuses ne doivent pas être semées en pastel. Dans les premieres, la plante serait vigoureuse, ses feuilles pleines de suc, mais peu pourvues de principe colorant. (9) Dans les secondes, les plantes seraient faibles, sans vigueur, et le peu de feuilles que l'on récolterait seraient altérées par les parties terreuses et sablonneuses dont elles se chargeraient ; ce qui diminuerait la qualité du pastel, et tromperait également le teinturier et le cultivateur. L'Empire français est si étendu, qu'on ne peut généraliser les mêmes préceptes pour la culture d'une plante dont la qualité varie selon la différence du climat. J'ai donc traduit et extrait différens traités sur la culture du pastel, écrits en anglais et en italien. La température de l'Angleterre se rapprochant de celle du départe-

(9) La terre légere ne vaut rien pour le pastel ; les terres plus grasses et les médiocres sont meilleures pour le pastel ; les premieres donnent plus grande quantité de pastel ; mais celui qui croît dans les médiocres, a plus de force et de couleur.

Instruction sur les teintures (*page* 264.)

ment

ment du Calvados et de la Belgique, où l'on seme de la guesde, du pastel, et celle de l'Italie de celle des départemens méridionaux de l'Empire français, j'ai dû faire marcher de front leurs préceptes avec ceux que j'ai pu trouver dans les auteurs français, et les renseignemens que j'ai reçus du ci-devant Languedoc.

D'après les observations faites dans l'Albigeois, dans le Lauraguais, en Angleterre, à Florence et dans l'Italie, en Allemagne, on doit préférer pour la culture du pastel les terres de bonne qualité, mêlées de petit gravier et de petites pierres calcaires, ayant de la profondeur, parce que la racine du pastel pivote, il faut que ces terres soient exposées au soleil et dépourvues d'arbres. Si la couche inférieure était d'un sable noir, susceptible de recevoir l'humidité sans la conserver trop fortement, le pastel y réussirait à merveille. Dans les pays chauds, comme à Rieti, Citta di Castello, Burgo di san Sepolcro, on choisit des terres qui, aux qualités ci-dessus exigées, réunissent celles d'être placées de maniere à recevoir abondamment ces rosées des nuits d'été, si abondantes et si nécessaires dans les pays où il pleut rarement. Dans le département du Calvados et en Angleterre, on cultive le pastel dans des lieux exposés aux vapeurs qui s'élevent de la mer.

Les défrichemens des pacages et des prairies artificielles, dans les terres qui réunissent les qualités ci-dessus exigées, sont très-propres à la culture du pastel.

En Angleterre, une race d'hommes, qu'on appelle guesdiers ou *woadmen*, s'est consacrée de tems immémorial à la culture du pastel. N'ayant point de domicile fixe, ils s'arrêtent avec leurs familles dans les pays où ils trouvent des vieux pacages à défricher, ou des terres propres à produire du pastel, ils les afferment pour deux ans ou deux récoltes de pastel, à raison de 4 liv. st. 4 shellings, environ 100 fr. l'acre (270 pieds sur 72 de large). Leurs travaux sont évalués à 12 liv. st., et la récolte leur produit 25 liv. st. Cette culture est florissante en Angleterre, malgré la concurrence des indigos des Deux-Indes, parce que le pastel y est non-seulement employé à la teinture, mais aussi comme mordant pour l'impression des toiles ; usage auquel jusqu'à présent on ne l'a pas employé dans l'Empire français.

On ne doit jamais semer le pastel dans des terres compactes et froides, et qui retiennent l'humidité ; le pastel ne saurait y prospérer.

Si on veut semer le pastel sur une terre où il existait un vieux pacage ou une prairie artificielle, il faut la défricher au mois de novembre, faire des sillons très-profonds, ayant soin de tenir les mottes de gazon enterrées pour les faire pourrir. Certains cultivateurs préferent écobuer la terre et brûler les gazons. Toutes terres destinées au pastel, doivent être labourées cinq fois. On doit en retirer avec soin toutes les mottes de gazon et les racines non consommées, y passer la herse au moins deux fois, et l'ameubler comme une terre de jardin. On enterre ordinairement la semence avec la herse.

Précautions à prendre pour semer le pastel.

On seme le pastel de deux manieres, à la volée, assez épais, sur des planches de quatre pieds de large, séparées par des rigoles, pour faire écouler les eaux, ou en plaçant les graines sur deux rangs, comme on seme les épinards. On ne doit pas semer sur trois rangs, parce que l'on a observé que les feuilles des plantes du milieu, n'ayant pas assez d'air et de nourriture, s'étiolent, et donnent peu ou point de récolte. On garde de la graine en réserve, qu'on seme dans des petits trous, pour remplacer celle qui n'est pas née.

On distingue deux especes de graines de pastel, l'une violette, l'autre jaune : on doit préférer la premiere, la seconde ne produisant qu'un pastel de qualité inférieure, appelé pastel bour ou bourdaigne; ses feuilles velues se chargent de terre et alterent entièrement la qualité et le poids de la pâte de pastel où elles sont mêlées. Pour obtenir cette graine, après la seconde récolte de la seconde année, on ne retranche point les feuilles aux plantes destinées pour graine; elles poussent des tiges élevées qui portent des fleurs jaunes, la graine qu'elles produisent n'est mûre qu'au mois de juin suivant. On connaît sa maturité quand elle noircit et qu'elle tombe d'elle-même.

On retire la meillleure graine de Rieti, sur les confins de l'Abbruzze; c'est le seul pays où le pastel, cultivé de temps immémorial, n'a jamais dégénéré; à Citta di Castello et à Borgo di san

Sepolcro, où cette culture est très-importante, on se sert de la graine de Rieti.

Le tems de la semence du pastel est ordinairement au commencement de février, en Angleterre; et dans le midi de la France, en Italie, à la fin de la lune de mars et en automne; Miller propose de la semer à la fin d'août : toutes ces différences de procéder tiennent à celle des climats.

Si on semait le pastel dans le midi de la France aussi tard que dans l'Italie, sa végétation étant plus lente, on ne pourrait point ramasser les feuilles dans les jours les plus chauds de l'année, les plus propres à les sécher et à leur faire ressuer une espece d'humidité qui altérerait la couleur du pastel et nuirait à sa conservation. Si on le semait dans la Campagne de Rome au commencement de février, il serait mûr avant l'époque nécessaire à sa préparation. Miller a réussi en le semant en Angleterre à la fin du mois d'août, parce que dans cette saison il y a des pluies régulieres qui n'ont pas lieu dans le midi de la France, où ordinairement le mois d'août ou de septembre sont de la plus grande aridité. Cette observation démontre le danger des principes généraux en agriculture, aussi aurai-je soin de rapporter dans cette notice les procédés que l'on emploie dans les différens pays où l'on cultive le pastel.

Le pastel naît plus ou moins promptement, en général au bout de dix à douze jours; les uns mettent la graine tremper dans l'eau la veille du jour où on doit la semer; d'autres la jettent sur la neige qui, en se fondant, enterre la graine du pastel; d'autres sement avant une petite pluie.

Sarclage du pastel.

Le pastel, dans les premiers jours, a l'apparence de la synoglose; mais au bout d'un mois ou six semaines il a acquis de la force et de la vigueur ; il jette cinq ou six feuilles qui s'élevent, c'est alors le tems de le sarcler à la main et d'arracher les plantes parasites, les pieds du pastel trop multipliés, et sur-tout le pastel *bourdaigne*, dont le mélange, comme nous l'avons dit, serait si funeste à la pâte du vrai pastel.

Quand on a sarclé le pastel, on travaille la terre et on chausse le pastel avec de la terre meuble, afin que ses racines puissent participer aux influences salutaires de l'atmosphere. On répete cette opération aussi souvent qu'il est possible jusqu'à la récolte, et on arrachera avec soin tous les rejettons de pastel que les racines blessées par la pointe de l'outil auraient pu produire.

En semant le pastel comme des épinards, selon le procédé de Miller, on le sarcle plus facilement; on diminue le nombre des pieds, de maniere à ne pas les laisser vis-à-vis l'un de l'autre, et d'établir entre chaque pied une distance de six à huit pouces. En diminuant le nombre des pieds, on ne diminue pas la récolte, parce que les plantes ayant plus d'espace entr'elles, donnent des feuilles en plus grand nombre et plus fortes, que ne le feraient plusieurs plantes réunies qui languissent faute d'air et de nourriture.

On doit répéter ces sarclages aussi long-tems qu'on pourra, jusqu'à dix ou douze jours avant la récolte.

De la récolte du pastel.

On doit veiller avec soin l'époque de la maturité du pastel, c'est de cette vigilance que dépend le succès de cette culture. Ceux qui desireraient fabriquer le meilleur pastel, ne devraient pas faire la récolte le même jour, parce que les feuilles supérieures n'ont pas acquis autant de maturité que celles inférieures. En mûrissant, ces feuilles s'affaissent. Je dis qu'on doit saisir exactement le point de la maturité, parce que si on attend trop long-tems, les feuilles se chargent de taches jaunes, qui prouvent que la qualité de leur suc est altérée et qu'elle a perdu son principe colorant.

Les signes de la maturité varient comme les climats des pays où l'on cultive le pastel.

En Angleterre et dans les pays du Nord, on reconnaît la maturité du pastel, quand sa feuille affaissée est dans toute sa largeur, et que sa couleur vert-bleuâtre se change en vert-pâle.

Dans la Turinge, à l'affaissement des feuilles du pastel et à leur odeur forte et pénétrante.

En Toscane, on met une feuille de pastel dans un linge ; on l'exprime fortement ; on examine si elle donne beaucoup de suc, et quelle est sa couleur.

Dans la Campagne de Rome, on reconnaît que la feuille est mûre quand elle commence à blanchir.

Dans le midi de la France, ce signe serait trompeur; car la feuille du pastel ne blanchit que lorsqu'elle a été surprise par le brouillard. On reconnaît sa maturité à une nuance violette qui se manifeste sur les bords de la feuille, après qu'elle s'est affaissée.

On ramasse le pastel à la main, comme les épinards, ayant soin de ne pas blesser le collet de la racine qui doit donner de nouvelles feuilles. On doit faire cette opération par un tems serein, et avec un soleil assez fort pour faire rendre aux feuilles exposées à son action une humidité nuisible à la fabrication et à la conservation du pastel (10). Il faut avoir l'attention de séparer les feuilles des plantes étrangeres, et sur-tout du pastel *bourdaigne*, qui auraient échappé au sarclage, et les feuilles de véritable pastel altérées

---

(10) *Æstate calidâ et serenâ succo meliùs concocto ad pigmentum conficiendum nobiliùs et præstantiùs evadit. Sin inconstans tempestas minùs favet ut modò siccetur, modò imbribus irrigetur quæ liberari ab extraneo humore debebat, periculum subit corruptionis.* Ray, Historia plantarum, pag. 848.

On laisse flétrir la feuille avant de la mettre sous la roue, qui n'est que pour le faire mûrir davantage, et lui faire perdre son suc huileux qui pourrait nuire à la bonté du pastel. (Instruction sur les teintures. *Paragraphe* 261.)

par le brouillard, ou qui auraient des taches jaunes.

La chaleur plus ou moins forte de la saison, décide de l'intervalle qui a lieu entre les différentes récoltes, elle est ordinairement de trente à trente-cinq jours. On a soin après la récolte de biner la terre auprès des pieds de pastel, et de sarcler exactement. On peut faire trois récoltes de pastel de bonne qualité. En Toscane, la troisieme est la plus estimée. La quatrieme récolte est inférieure en qualité, et on doit la mettre à part. C'est ce qu'on appellait autrefois *marochin* ou *le petit pastel*, dont les réglemens interdisaient le mélange avec le produit des récoltes précédentes.

Dans le midi de la France et en Italie, on ramasse la feuille du pastel, après le mois de septembre et jusqu'à la fin de novembre : cette feuille paraît vigoureuse; mais étant arrosée par les pluies froides de la saison, l'humidité surabondante, altere sa substance. Si on tâte une feuille de pastel ramassée pendant l'été, on la trouve gonflée et pleine de suc, celle de l'automne, est flasque, ne résiste point à la pression. La pâte de pastel que l'on fabrique avec ces dernieres feuilles est pleine de filamens et de parties fibreuses. Il existe même des cultivateurs qui, la derniere année de la récolte du pastel, joignent à ces feuilles le collet de la racine, avec la terre qui l'accompagne, et portent le tout au moulin.

Cette fraude due à la mauvaise foi et à l'avidité du cultivateur, mérite toute l'animadversion des lois, parce qu'en trompant le consommateur, en lui vendant une pâte sans principe colorant, ils portent un coup funeste à la réputation et à la culture d'une plante aussi précieuse que le pastel.

Préparation de la pâte du pastel.

Lorsqu'on a ramassé les feuilles du pastel, avec les précautions ci-dessus recommandées, on les porte aux moulins de pastel, qui sont semblables à ceux où l'on fait l'huile de noix, et dont par conséquent il est inutile de donner la description.

La préparation du pastel date de la plus haute antiquité, et n'a jamais varié; elle consiste en différens procédés, qui tendent tous à dégager des principes qui l'enveloppent, la couleur bleue qui existe dans le pastel, par une suite de fermentation plus ou moins forte : la même routine a toujours dirigé ces opérations; aussi ontelles été toujours les mêmes dans tous les pays différens où l'on cultive le pastel (11).

---

(11) Dans la Turinge, on lave les feuilles pour en retirer la terre, et on dirige des souflets sur les gâteaux de pastel pour les faire sécher. D'après ces précautions, on peut juger de l'avantage du pastel du midi de la France sur celui d'Allemagne. On en a retiré trois livres d'indigo par quintal. Espérons que le nôtre donnera un produit plus avantageux.

Les faits suivans prouvent l'influence de la fermentation pour développer la couleur contenue dans les feuilles du pastel.

Les boyaux des brebis nourries avec le pastel prennent une

On broye les feuilles sous la meule, et on en forme des masses, qui dans le midi de la France, ont depuis trois jusques à cinq pieds de longueur. En Italie, on les fait un peu fourchues en dos d'âne. On laisse ces masses à l'air et au soleil fermenter pendant deux jours, après lequel tems on le repaîtrit. On a le soin dans les intervalles d'unir la croûte supérieure, de la mouiller avec de l'urine, ou du suc du pastel qui a été exprimé sous la meule, ou avec de l'eau ; on a soin de fermer exactement les fentes, parce que la fermentation intérieure diminuerait, et qu'il se formerait des vers qui détruiraient le pastel.

On laisse ces masses ainsi exposées à l'air nuit et jour ; s'il pleut, on les couvre, on en fait de même si le soleil est trop ardent. Au bout d'un mois on porte ces masses au moulin, où on les passe encore sous la meule, et on en forme, sur un moule en bois creusé en forme conique, des pains coniques de cinq pouces de diametre sur dix de hauteur, en pains pesant ordinairement trois livres. Dans le midi de la France, ils ne pesent qu'une livre ; on les nomme *coques*, mot du pays qui veut dire gâteaux. On

---

couleur verte très-foncée. Margraaf a trouvé sur la plante du pastel un insecte qui mange sa feuille, et devient d'un beau bleu. Les excrémens des souris qui mangent sa graine sont d'un très-beau bleu, et servent pour la peinture.

N'oublions pas que c'est sur le *cactus*, dont le fruit a une couleur rouge ordinaire, que la cochenille acquiert sa belle couleur.

les place sur des claies élevées de trois pieds au-dessus du sol, dans un lieu sec et aéré. Les bonnes pelottes ou coques se distinguent, parce qu'elles ont l'interieur violet et d'une odeur assez agréable. Celles qui sont altérées, parce que le pastel a été cueilli pendant la pluie, ont l'intérieur d'une couleur terreuse et de mauvaise odeur; les éventées et les pourries ont perdu leur substance et sont légeres; c'est là que finissent les travaux du cultivateur; quand ces cônes sont secs, il les vend à la fin de décembre, au négociant en gros, qui doit leur faire subir une nouvelle fermentation avant de les livrer aux teinturiers.

Pour faire cette derniere opération, il est nécessaire de travailler sur une très-grande quantité de pastel; Astruc indique cent milliers de pelottes pesant une livre chacune: les agronomes italiens n'indiquent pas la quantité.

La fermentation augmentant de force, en raison de la masse des matieres qui y sont exposées, la nouvelle que subit le pastel acheve d'en perfectionner la pâte.

On porte les pains coniques ou coques dans un magasin assez grand pour en contenir une double quantité, afin de pouvoir faire les opérations subséquentes.

On brise ces pains à coups de hache, et on place les débris en lits de trois à quatre pieds de haut, ayant une légere inclinaison. On jette sur ces lits, ainsi disposés, de l'eau en suffisante quantité, ou du vin, bon ou mauvais, pourvu qu'il ne soit pas aigre ; car le vinaigre arrêterait la fermentation et détruirait la couleur ; d'autres y jettent ce qui coule du marc de vendange.

L'expérience apprend la quantité de liquide qu'il faut jeter pour exciter la fermentation ; elle donne une chaleur (12) égale à celle de la chaux en pierre que l'on éteint. Cette fermentation extraordinaire acheve de détruire les parties étrangeres qui altéreraient la couleur bleue du pastel, et l'empêcheraient de se dégager.

Au bout de huit jours, on renverse ces tas et on les arrange de nouveau, de maniere à placer au-dessous du tas le pastel qui était au-dessus du premier : on les arrose de nouveau pour exciter la même fermentation ; cinq ou six jours après, on le défait de nouveau, et on le remue tous les jours pendant un mois ; ensuite, d'un jour entre autres, on met plus de distance entre ces opérations, jusqu'à ce qu'on s'aperçoive que le pastel est entièrement refroidi : il est alors propre à l'usage des teinturiers ; si on le garde en magasin, il faut le remuer de tems en tems, comme on en use pour le blé. Le pastel, en vieillissant, augmente de qualité, parce que la fermentation insensible a débarrassé la partie colorante des principes étrangers dont elle était enveloppée.

---

(12) *Tandem aquâ effusâ magis intenditur calor donec non in cineres, ut quidam volunt, sed pulverem grossum tinctorum usibus aptum fatiscat ; quod hinc glastum* Κατάξοτην, *seu preparatum audit.* (Ray, Histor. plantarum, pag. 843.)

« Le bon pastel augmente toujours de force et de substance pendant six et sept, voire jusqu'à dix ans, s'il est du meilleur. » (*Instruct. sur les teintures*, §. 133.)

Le pastel dans cet état est livré aux teinturiers; c'est avec ce pastel qu'ils montent ce qu'on appelle la cuve de pastel, dont la conduite exige les talens d'un véritable guesderon, et l'explication des phénomenes qu'elle présente, les connaissances les plus étendues.

Il existe cependant dans l'Empire Français des cultivateurs qui ont de tous les tems cultivé le pastel, et qui, sans aucune connaissance préliminaire de la teinture, teignent avec ses feuilles les étoffes grossieres qu'ils tissent avec la laine de leurs troupeaux.

Les paysans de l'île de Corfou cultivent le pastel sur des terreins fertiles et pas trop compactes, ou dans des pacages nouvellement défrichés; ils l'appellent en leur langue *vafi* (teinture), parce qu'ils l'emploient pour teindre les étoffes destinées à leur usage et à celui de leurs femmes.

Le procédé qu'ils suivent est d'autant plus intéressant à connaître, qu'il fournira les moyens à nos cultivateurs d'économiser les frais énormes que leur coûte la teinture de leurs étoffes grossieres; elles absorbent beaucoup de matieres colorantes, et le prix des teintures et apprêts en excede la valeur (13). Le riche pourra rechercher

(13) Dans plusieurs provinces de l'Empire, la couleur

les nuances les plus vives, les plus chères, mais le pauvre aura sa teinture qu'il pourra faire auprès de son modeste foyer. Je tiens ce procédé de mon estimable collegue, M. Botta, membre du Corps-Législatif, médecin de premiere classe de l'armée d'Italie, auteur de plusieurs ouvrages intéressans, entr'autres de l'*Histoire naturelle et médicale de Corfou*, imprimée en l'an 7, à Milan.

Quand la plante est en fleur au mois de juin, les cultivateurs de Corfou coupent les feuilles; ils ôtent avec soin les tiges et les côtes de la feuille. On pile les feuilles, ainsi tirées, dans un mortier, ou on les écrase entre deux pierres bien unies; on fait secher cette pâte avec précaution au soleil, et chaque ménage en garde sa provision.

Quand ils veulent teindre les serges qu'ils fabriquent avec la laine de leurs troupeaux, ils mettent cette pâte dans un baquet, et l'arrosent avec de l'eau; peu-à-peu le mélange s'échauffe et fermente vivement; ils y ajoutent peu-à-peu de l'eau et de la lessive de cendres, mais faible. (14) Plus forte, elle détruirait le tissu de la laine; la fermentation augmente au point que la dissolution acquiert tous les caracteres de la putréfaction; elle exhale une odeur infecte, et,

---

bleue est un objet de luxe pour les habitans de la campagne, et ce n'est que le propriétaire qui porte des habits tissus avec la laine provenant des toisons des brebis noires.

(14) En Toscane, les paysans emploient de la chaux avec le pastel pour teindre leurs étoffes.

si on la laisse reposer, il s'y engendre des vers. L'expérience a appris que c'était le moment où la teinture a le plus de force. On plonge dans cette dissolution les étoffes que l'on veut teindre ; on les y laisse huit jours pour leur donner le tems de prendre une couleur égale. Elles prennent une couleur bleu turquin qui ne change jamais. Cette couleur est, pour les paysannes de l'île, un objet de luxe, à cause du prix du pastel qui vaut 5 liv. argent de France, par mesure de trente livres pesant.

Ce procédé nous offre plusieurs circonstances intéressantes ; la premiere, c'est le retranchement des parties fibreuses des feuilles de pastel ; la seconde, c'est l'emploi de la lessive alkaline, pour dégager la couleur ; nos teinturiers emploient la chaux éteinte en poudre ; la troisieme, c'est qu'à Corfou, on saisit le moment où la dissolution du pastel est presqu'en putréfaction pour teindre les serges, tandis que lorsque les cuves de pastel, avec indigo, ont cette odeur nauséabonde, elles ne donnent plus de fleurée, ni de couleur ; elles sont ce qu'on appelle rebutées, et on ne peut les guérir qu'en y jetant de la chaux en poudre, qui arrête la putréfaction, et rétablit le dégagement du principe colorant ; la quatrieme, c'est la teinture des étoffes sans avoir été dégraissées. Les expériences de M. Rouart ont démontré que la laine en suin, non-seulement acquérait une très-belle couleur bleue, mais qu'elle conservait beaucoup plus de douceur au toucher que la même laine dégraissée, teinte dans la même cuve.

En suivant cette méthode, on pourrait teindre

les draps pour habiller les troupes en bleu très-foncé, sans employer de l'indigo; il s'agirait seulement de teindre le drap qui aurait le pied de bleu, du seul pastel dans un bouillon de bois de Campèche et de sulfate de cuivre et alun sur lequel on verserait de la dissolution d'étain; ce moyen a été employé en grand, en 1793 et les années suivantes, pour teindre en bleu de roi foncé des draps qui avaient eu un pied de bleu céleste un peu foncé à la cuve de pastel indigo; non-seulement cette couleur est solide et ne déteint point, mais elle pénétre l'intérieur du drap qui ne conserve point la tranche blanche, comme le font les draps teints en piece. On les dégorgeait ensuite au foulon. Il en a été teint de cette maniere de mille ou quinze cents pieces, et il n'y a jamais eu de plainte sur leur usage; la couleur n'avait pas la vivacité et le brillant de celle obtenue par la cuve de pastel et indigo, mais l'intérieur du drap étant pénétré, le drap ne blanchissait jamais par l'usage, comme il arrive aux draps teints en piece, qui ont conservé la tranche blanche dans l'intérieur.

TROISIEME PARTIE.

De l'extraction de l'indigo contenu dans le pastel.

Le but de cette notice est, non-seulement de réunir dans un seul corps toutes les méthodes de culture et de préparation du pastel, dispersées dans plusieurs traités d'agriculture écrits dans diverses langues, mais aussi de donner aux propriétaires les moyens d'abandonner l'ancienne méthode

méthode de fermentation du pastel, pour en retirer à moins de frais, et plus promptement, la fécule colorante ou indigo qui est disséminé dans toutes ses parties. En conséquence, je vais rapporter non-seulement les expériences et procédés d'Astruc, de Dambourney et de Gréene qui ont tous retiré de l'indigo du pastel, mais aussi les moyens dont on se sert à Malte, en Asie et en Amérique, pour retirer l'indigo de l'anil indigofère. En calculant ces différens procédés et la différence des climats, un observateur habile pourra en trouver un nouveau plus approprié à notre culture et à nos moyens. Alors les vues élevées et bienfaisantes de l'EMPEREUR DES FRANÇAIS seront remplies, et nous n'irons plus acheter aux nations étrangeres une drogue de teinture si nécessaire à notre industrie, que notre sol pourra nous fournir.

L'avantage des propriétaires se trouvera réuni à celui de l'Etat, puisqu'en retirant l'indigo du pastel, ils doubleront leur revenu. L'indigo étant nécessaire à tous les genres de teinture, sa vente sera indéfinie et assurée, tandis que celle du pastel est nécessairement bornée aux besoins des *guesderons*, teinturiers en laine.

Il est aisé de démontrer l'augmentation du revenu des propriétaires; il faut au moins trois quintaux de pastel en herbe pour produire un quintal de pastel en coques d'un quintal de pastel inférieur, et sous un ciel d'une température inégale et variée. Gréene a obtenu trois livres d'indigo sous le beau ciel du Languedoc; traitant un pastel supérieur en qualité, on doit obtenir au moins le même résultat. Le quintal de pastel en coques se vend 22 fr. ; neuf livres d'indigo retirées de trois quintaux de pastel en herbe, équivalent à un quintal de coques, vaudront au moins 6 fr. la livre, c'est-à-dire, 54 fr. en tems de paix, et en concurrence avec l'indigo étranger : dans les circonstances actuelles, le produit de cette vente serait double, et les revenus des propriétaires quadruples.

Lorsque l'on propose une méthode nouvelle qui doit en remplacer une consacrée par vingt siécles d'un succès constant et uniforme, il faut démontrer non-seulement son avantage, mais sa possibilité ; peut-être même existera-t-il des personnes, qui poussant au-delà de ses bornes la sage défiance que l'on doit avoir des nouveautés, nieront l'existence de l'indigo dans le pastel recueilli en France. Pour détruire leurs doutes, je rapporterai ici le résultat de l'analyse comparative faite par M. Chevreuil, de l'anil indigo et du pastel, *isatis*, né et recueilli à Paris. L'humidité du climat détruisant la fécule colorante, tandis que la chaleur l'exalte et l'augmente, l'existence de l'indigo dans le pastel récolté à Paris, prouvera au-delà de l'évidence l'avantage que l'on aura à l'extraire du pastel de l'ancien Lauraguais.

M. Chevreuil analysa l'*isatis* et l'indigo anil ; il trouva dans ces deux plantes une matiere animale, une verte, de la cire et l'indigo ; il le trouva dans le pastel existant également dans le suc, dans la matiere verte et dans la partie fibreuse ; mais cette substance colorante ne paraît comme dans l'anil, que lorsque la fermentation la sépare des principes étrangers qui l'enveloppent.

Le savant Astruc, né dans le Languedoc, a pressenti l'avantage que pourrait retirer un jour sa patrie de l'extraction de l'indigo du pastel ; il nous annonce qu'il avait réussi à en retirer une fécule bleue abondante ; il fit des expériences sur cet indigo, qui lui donnerent les plus heureux résultats (15). Il pense qu'en préparant le pastel comme l'indigo, les couleurs que l'on en obtiendrait, réuniraient le brillant éclat et la vivacité des couleurs de l'indigo ordinaire, à la solidité et à *l'assurance* du pastel.

Hellot, à qui nous devons un excellent Traité sur la teinture des laines, a invité les chimistes à s'occuper de cette extraction ; et Dambourney, auteur de tant d'expériences intéressantes sur les teintures obtenues de plantes indigènes, a répondu à son appel. Il plaça dans un bacquet à moitié rempli d'eau, trente livres de guesde fraîche, pastel de la Normandie ; par la fermentation, il en obtint huit onces d'indigo : les fermentations s'opérant sur les plus grandes masses avec plus de perfection que sur les petites, il n'est pas douteux que si Dambourney avait opéré sur une masse de guesde plus considérable, il aurait obtenu proportionnellement une plus grande quantité d'indigo.

Dambourney, après avoir renoncé à l'usage de

(15) Nous avons perdu malheureusement le détail de ses procédés.

prussiate de potasse pour la précipitation, a employé, comme les habitans de Corfou, la lessive de potasse; s'il avait employé comme eux cette lessive faible, au lieu d'employer la potasse caustique, il aurait obtenu une plus grande quantité d'indigo, parceque dans l'état de division où se trouvait l'indigo, il a dû être dissous facilement par la potasse caustique; l'expérience lui apprit qu'il ne fallait employer la potasse qu'au moment où la fermentation était bien développée et la liqueur bien colorée, autrement la potasse arrêtait la fermentation, les feuilles se pourrissaient sans donner un atome d'indigo.

Dambourney essaya cet indigo dans une cuve de guesderon; il le fit dissoudre par l'acide sulfurique : ces différentes dissolutions donnerent aux étoffes de laine une belle couleur bleue de la plus grande solidité.

Dambourney n'a pas essayé de précipiter la fécule colorante de l'isatis par l'eau de chaux : c'est ce qu'a fait avec succès M. Gréene, qui avait établi en Allemagne une fabrique d'indigo retiré du pastel. Nous allons copier son procédé.

On prend des feuilles fraîches de pastel qu'on lave dans une cuve de forme oblongue remplie à-peu-près aux trois quarts. Pour éviter que les feuilles ne surnagent, on assujétit des pièces de bois en travers : on verse sur ces feuilles assez d'eau pure pour les recouvrir entièrement, et on place le vase à une chaleur tempérée. Il se forme, suivant la température de l'atmosphere, en plus ou en moins de tems, une écume copieuse à la surface de l'eau, qui indique le commencement de la fermentation ; la surface se couvre peu-à-peu en entier d'une peau bleue qui présente à l'œil des nuances de couleur de cuivre. Lorsqu'il y a une certaine quantité de cette écume, on soutire la liqueur, qui se trouve teinte en vert foncé, dans une autre cuve oblongue, par un robinet placé immédiatement au-dessus de son fond, ou bien l'on puise l'eau pour la mettre dans l'autre cuve. Dans l'un et dans l'autre cas, il est nécessaire de faire couler l'eau par une toile dans l'autre vase, pour séparer les ordures ou les petites portions de feuilles qui pourraient passer; on lave les feuilles avec un peu d'eau froide pour en détacher les portions de peau colorée qui pourraient s'y être attachées, et l'on mêle cette eau de lavage avec celle qu'on a soutirée ; cela fait, on verse dans la liqueur de pastel fermentée de l'eau de chaux à raison de deux ou trois livres sur dix livres de feuilles, et l'on agite fortement pendant quelque tems cette liqueur, pour faciliter la séparation de l'indigo qui se dépose par le repos.

Pour savoir si on a continué pendant assez de tems l'agitation, on prend une portion de la liqueur jaunâtre claire dans une bouteille ordinaire, et on essaie si, en l'agitant fortement il se sépare encore du bleu, et dans ce cas on agite encore la liqueur. Lorsqu'enfin tout l'indigo s'est séparé et s'est déposé, on soutire l'eau claire par un robinet placé à quelque distance au-dessus du fond de la cuve ou au moyen du siphon, ce qu'on doit faire sans perdre de tems.

Pour faciliter la séparation de l'eau, on peut incliner la cuve du côté du robinet, dès qu'on a cessé de remuer l'eau. On verse la couleur bleue qui reste, dans des filtres coniques de toile de lin ou dans des chausses d'Hippocrate; mais comme dans le commencement il passe toujours de la couleur, on doit la recevoir dans un vase qu'on place dessous, et la réserver dans le filtre jusqu'à ce que l'eau en soit claire. On édulcore l'indigo contenu dans les filtres avec une suffisante quantité d'eau, et on le fait sécher à l'ombre ou à une légere chaleur artificielle, ayant soin de le couvrir.

On obtient de l'indigo sans l'addition de l'eau de chaux, mais beaucoup moins. Si on ajoute une plus grande quantité d'eau de chaux, on augmente, il est vrai, la quantité de l'indigo, mais il devient d'une qualité inférieure, parce que le superflu de la terre calcaire s'unit à l'indigo. Les sels alkalis facilitent aussi la séparation de la couleur bleue; mais il n'est pas avantageux de les employer, parce qu'ensuite ils en dissolvent une partie. Par l'addition d'un acide il ne se fait point de précipité.

Il faut qu'il s'écoule un certain tems avant de pouvoir soutirer l'eau qui a fermenté avec les feuilles de pastel: si on la soutire trop tôt, on n'obtient que peu d'indigo; si, au contraire, on laisse les feuilles trop long-tems en infusion avec l'eau, elles entrent facilement en putréfaction en répandant une odeur putride et volatile qui leur est propre, et dès-lors on n'en peut plus séparer de précipité, et l'eau reste constamment verte. Il en est de même de l'eau soutirée, si on l'abandonne;

et même lorsque l'indigo s'est déjà séparé de la liqueur, on doit éviter que cette derniere entre en putréfaction, si l'on ne veut pas perdre l'indigo entierement ou au moins en partie. On ne doit cependant pas trop se hâter de faire passer l'eau dans la cuve; ou on doit l'agiter à la premiere apparence de peau bleue, puisque c'est dans ce moment que l'eau se charge le plus d'indigo. Quand le degré de la chaleur de l'atmosphere est considérable, la fermentation s'établit très-promptement, et souvent quinze à dix-huit heures suffisent. C'est alors sur-tout qu'il faut être bien attentif pour ne pas la laisser passer à une putréfaction totale. Si la chaleur de l'atmosphere est trop faible, on n'apperçoit ni beaucoup d'écume ni pellicule bleue, mais la liqueur penche insensiblement à la putréfaction, sans présenter des phénomènes bien marqués avant qu'elle commence.

Les plantes pelées ou leur suc entrent plus vîte en fermentation, mais elles ne fournissent qu'un bleu sale.

Il faut sécher à l'ombre l'indigo tiré du pastel, parce que le soleil détruit sa couleur.

M. Gréene a réussi à retirer l'indigo dans l'Autriche, où les chaleurs pendant l'été ne sont pas aussi constantes que celles du midi de l'Empire. Il avait à craindre que la fermentation ne s'arrêtât au moment de sa plus grande force, à cause des variations continuelles de l'atmosphere. Dans le midi de l'Empire, depuis le mois de juin jusqu'au milieu du mois d'août, des nuages, des brouillards, voilent rarement l'astre du jour; les chaleurs constantes qui y regnent sont aussi favorables à la fermentation, qu'elles sont fatigantes pour ses habitans. Dans ces trois mois, la température est ordinairement de 18 à 25 et 28 degrés de Réaumur. Pendant la nuit, le thermomètre marque 12. 14, 18, et même 20 degrès. Ce sont ces époques que l'on doit choisir pour faire fermenter le pastel, qui est alors au moment de sa maturité. Nul doute alors de la réussite de l'extraction de l'indigo; et les habitans du midi de l'Empire auront sur ceux de l'Allemagne l'avantage inappréciable d'employer un isatis plus abondant en indigo, sous une température constamment favorable aux opérations nécessaires pour l'obtenir.

L'isatis, contenant les mêmes principes que l'indigo, une matiere verte, une matiere animale, de la cire, etc., j'ai pensé que les procédés employés dans les Deux-Indes et à Malte pour retirer l'indigo de l'anil, pourraient être applicables à l'extraction de l'indigo du pastel, en subissant des modifications appropriées aux localités. Je vais donc les rapporter.

Le premier est usité dans l'île de Java pour extraire l'indigo. S'il pouvait s'appliquer à l'exploitation de l'Italie, sa simplicité le mettrait à portée de tous les cultivateurs. Je l'ai extrait et traduit de l'excellent journal, intitulé *Annual Register*.

Dans une rigole de 20 à 30 pieds de long et 18 pouces de profondeur, on pose des pots terre que l'on remplit de feuilles d'anil et d'eau. On fait bouillir le tout jusqu'à ce que l'eau soit chargée entièrement de la partie colorante ; on filtre cette dissolution, et on la verse dans une grande jarre que l'on remplit jusqu'aux deux tiers. On agite alors la liqueur pendant trois quarts-d'heure, donnant un mouvement très-rapide à un bambou disposé en forme de moussoir, jusqu'à ce que la granulation s'opère.

On dissout dans l'eau de la terre rouge en petite quantité, et on verse cette dissolution précipitante dans la jarre ; le lendemain matin, on trouve la fécule bleue, précipitée au fond de la jarre sur une épaisseur de cinq pouces. On retire l'eau par des trous placés à différentes hauteurs ; on met la fécule dans des petits sacs, et on la fait sécher à l'ombre.

Le second procédé est employé à Malte pour extraire l'indigo d'un anil, dont la culture y a été introduite par les Arabes.

Maniere de faire l'indigo à Malte.

On met la plante en presse dans une longue cuve, au moyen de plusieurs pierres dont on la charge ; on verse par-dessus une grande quantité d'eau qu'on laisse pendant quelques jours, jusqu'à ce qu'elle soit chargée de toute la couleur de la substance de la plante. On verse alors cette eau dans une autre cuve ronde, au fond de laquelle est pratiquée une autre cuve plus petite. On agite fortement l'eau avec des bâtons, jusqu'à ce que la substance épaisse dont elle était surchargée, soit tombée au fond. On retire ensuite cette substance qui est la fécule, pour l'étendre sur des toiles et la faire sécher au soleil ; lorsqu'elle a commencé à y durcir, on la réduit en pâte ou en forme de petits pains, et on acheve de la faire durcir sur du sable ; toute autre maniere pourrait absorber ou altérer la couleur ; et si l'on était surpris par la pluie pendant qu'on la fait sécher, elle perdrait aussi toute sa couleur.

Nous allons copier, dans le *Cours d'Agriculture de Rozier*, édition de Déterville, l'excellent article de la fabrication de l'indigo avec les procédés employés en Amérique ; les détails paraîtront longs, mais la moindre circonstance peut devenir précieuse et donner des lumieres intéressantes sur la maniere de traiter l'isatis pour en retirer l'indigo.

Les procédés les plus généralement suivis pour obtenir la fécule de l'indigo, sont la fermentation et le battage. Par la fermentation, les molécules colorantes de l'indigo sont détachées de ses feuilles et suspendues dans l'eau. Le battage a pour objet de rassembler ces molécules et d'en former un grain, qui est l'élément de la fécule. Pour ces deux opérations, il faut une usine particuliere et des ustensiles que je vais faire connaître.

§. Ier. *Disposition de l'usine appelée Indigoterie, cuves, ustensiles.*

Chaque indigoterie est composée de trois cuves construites l'une au-dessous de l'autre et jointes ensemble ; elles sont disposées de maniere que l'eau dont on remplit la premiere peut être écoulée par des robinets dans la seconde, de la seconde dans la troisieme, et de la troisieme au-dehors. La plus élevée porte le nom de trempoire ou pourriture, parce que c'est dans cette cuve qu'on fait macérer et fermenter l'herbe. La seconde s'appelle batterie, parce qu'après y avoir fait passer l'eau de la pourriture, qui s'est chargée des parties colorantes de la plante, on bat cette eau pour en détacher le grain. La troisieme cuve ne forme qu'une sorte d'enclos nommé reposoir. Au bas du mur qui sépare cet enclos de la seconde cuve, est un petit bassin creusé dans le plan du reposoir au-dessus du niveau du fond de la batterie, et destiné à recevoir la fécule qui en sort ; ce petit vaisseau se nomme bassinot ou diablotin ; il est rond ou ovale, et muni du rebord qui empêche l'eau du fond du reposoir d'y refluer ; à son fond se trouve une fossette ronde, et large comme le creux d'un chapeau, dans laquelle on puise avec un fragment de calebasse le reste de la fécule qui y tombe naturellement lorsqu'on vide le diablotin.

Le fond de ces trois grands vaisseaux est plat, avec une pente d'environ deux ou trois pouces, pour faciliter l'écoulement. Le premier a une bonde avec son dalot de trois pouces de diamètre. La bonde du second vaisseau est perpendiculaire au bassinot, et reçoit trois robinets élevés de quatre pouces les uns au-dessus des autres ; les deux supérieurs servent à écouler, en deux reprises, l'eau qui surnage la fécule après le battage. Le troisieme est destiné à l'écoulement de la fécule même déposée au fond de la batterie, au niveau duquel ce robinet doit être, et même tant soit peu plus bas. Le plan du fond du troisieme grand vaisseau, au lieu de bonde, a une ouverture au pied du mur d'environ six pouces en carré, toujours libre, qui répond à un canal de décharge, nommé la vide. Le diablotin et la fossette qui est en son fond n'ont besoin d'aucune issue, parce qu'on en retire toute la fécule par leur ouverture. Les bondes doivent être de bois incorruptible, équarries et placées dans le courant de la maçonnerie. Leur hauteur et largeur sont proportionnées à la quantité et à la largeur des trous qu'on y fait, et leur longueur se mesure sur l'épaisseur du mur.

Les habitations où l'on cultive l'indigo ont, suivant leur étendue, plusieurs usines semblables, rapprochées ou éloignées les unes des autres pour la commodité de l'exploitation. On les place toujours dans le voisinage de quelque riviere, de quelque ruisseau, ou d'un puits, et on les établit ordinairement sur une butte ou élévation naturelle ou artificielle, suffisante à un écoulement qui ne soit sujet à aucun reflux.

La premiere cuve ou la trempoire doit avoir la forme d'un carré parfait ou oblong; quand sa longueur est de dix pieds, on peut lui donner neuf pieds de largeur sur trois de profondeur. Il serait désavantageux de faire ce vaisseau trop grand, parce que la fermentation ne pourrait y être si prompte ni si égale que dans un vaisseau d'une étendue médiocre.

Dans la construction du second vaisseau, on doit observer si son fond peut être placé à trois pieds ou trois pieds et demi au-dessous du fond du premier, de maniere que la batterie ait un écoulement de six pouces au-dessus du plan du reposoir, et que le reposoir ait une décharge convenable dans quelque fosse ou mare voisine. La batterie doit être toujours plus longue que large ; on regle ses dimensions et sa capacité sur le nombre des pieds cubes d'eau que doit contenir la pourriture lorsqu'elle est remplie d'herbe, et que l'eau est à six pouces de ses bords. On fait ensorte que le côté le plus étroit de la batterie se trouve en face de la pourriture, à moins qu'on ne se propose de faire battre l'indigo dans plusieurs vaisseaux à-la-fois par des moulins à eau ou à mulets, ce qui nécessite une direction toute opposée. Les murs de la batterie sont ordinairement garnis d'un bord en maçonnerie d'un pied et demi ou de deux pieds d'élévation.

Le reposoir n'a pas une étendue déterminée ; cependant le mur qui le sépare de la batterie, sert communément de mesure à sa longueur pour ce côté-là, et pour celui qui le regarde en face : six ou sept pieds suffisent pour chacun des deux autres côtés. La hauteur des murs est d'environ trois pieds, en comptant le fond du reposoir à six pouces au-dessus du dernier robinet de la batterie. On pratique à l'un des angles de cette enceinte un petit escalier pour y descendre et en sortir à volonté. On donne une profondeur de deux pieds au diablotin, y compris la fossette, et une largeur de deux pieds et demi ou un peu plus.

Le fond des cuves et tout ce qui est bâti sous œuvre, doit être construit avec le plus grand soin, afin que les sources voisines, ou les eaux qui proviennent de l'égoût des terres, n'y pénetrent pas. Quand toute la maçonnerie est bien seche, on fait un ciment composé de chaux et de briques pilées ou passées au tamis, dont on enduit exactement tout l'intérieur et les bords des vaisseaux; à mesure que l'ouvrage seche, on le polit. Lorsque dans une indigoterie on s'apperçoit de quelque fente à une cuve, on pile aussitôt des coquilles de mer; on les réduit en poudre très fine, et en mêlant cette poudre à de la chaux vive pulvérisée, on en fait un ciment dont on bouche la fente; ce qui prévient ou arrête l'écoulement.

Si l'herbe qui trempe dans la pourriture, était abandonnée à elle-même, en fermentant, elle en surpasserait bientôt les bords. Pour empêcher sa trop grande dilatation, on plante vers les quatre coins extérieurs de cette cuve quatre poteaux appelés clefs, élévés d'un pied et demi au-dessus de la maçonnerie, et ayant chacun une longue et large mortaise dans sa partie supérieure. Ces mortaises sont destinées à recevoir des barres qui passent directement de l'une à l'autre clef, par-dessus toute la largeur de la pourriture, et posent sur des étançons placés entr'elles, et un lit de planches ou palissades qu'on dispose au-dessus de l'herbe pour la contenir.

Trois fourches ou courbes de bois, plantées en triangle des deux côtés de la batterie, savoir, deux d'un côté et une au milieu de l'autre bord, servant de chandeliers ou d'appuis au jeu des buquets employés à battre l'eau de cette cuve. Le buquet est un instrument composé d'un caisson sans fond, uni à un manche; ce caisson est formé de l'assemblage de quatre morceaux de fortes planches; il ressemble à une petite crêche ou à un pétrin de boulanger dont on aurait enlevé la couverture et le fond. Chaque buquet est mû par un nègre qui l'éleve ou le baisse à volonté, au moyen d'un manche assujetti par une cheville entre les branches du chandelier placé à hauteur d'appui.

Cette disposition de buquets, quoique la plus simple de toutes, est la plus dispendieuse et la plus imparfaite, parce qu'elle exige l'emploi de trois hommes, et parce qu'il est presque impossible que ces hommes mettent de l'ensemble dans leurs mouvemens, ce qui est pourtant nécessaire à l'égalité du battage. On a imaginé depuis de réunir quatre buquets en croix, fixés à une bascule, qu'un seul nègre peut faire mouvoir au moyen d'une corde attachée à l'extrémité extérieure de la bascule. Quelquefois il faut deux nègres; mais comme ils agissent à côté l'un de l'autre, et comme ils mettent en jeu le même instrument, l'effet produit alors par les buquets est uniforme. D'ailleurs, ces buquets étant placés au-dessus du milieu de la batterie, vis-à-vis des points assez distans les uns des autres, en tombant dans l'eau, lui impriment un mouvement plus étendu, et qui se communique avec plus de promptitude et d'égalité.

On se sert aussi de moulins pour battre l'indigo ; les uns mûs par l'eau, les autres par des chevaux. Le mouvement de ces moulins se rapporte à un arbre couché sur le travers de la batterie, lequel est garni de cueillers ou de palettes qui, en tournant, agitent l'eau. Quelques planteurs, pour éviter les frais d'un moulin, impriment à l'arbre un mouvement de rotation, par le moyen de deux manivelles fixées à ses deux extrémités. Avec un seul moulin on peut battre à la fois plusieurs cuves.

Comme la fécule qui a été reçue dans le diablotin est encore remplie de beaucoup d'eau, on la retire de ce vaisseau pour la mettre à s'égouter dans des sacs d'une bonne toile commune point trop serrée. Ces sacs sont ordinairement longs, d'un pied à un pied et demi, carrés ou en pointes par le bas, et larges de sept à huit pouces en haut. On fait des œillets tout près de leur ouverture, et on y passe des cordons, par lesquels on les suspend des deux côtés aux chevilles ou crochets d'un râtelier. Quand ils ne rendent plus d'eau, on les retourne et on verse la feuille, qui est encore molle comme de la vase épaisse, dans des caisses de bois pour l'y faire sécher. Ces caisses doivent avoir environ trois pieds de longueur, un pied et demi de large, et deux pouces seulement de profondeur. On les expose sur des établis, dont une partie est en plein air, et l'autre à couvert sous un bâtiment appelé sécherie.

§. II. *Manipulation de l'indigo.*

Il n'est pas indifférent d'employer dans cette manipulation toutes sortes d'eaux ; elles influent beaucoup, selon leur nature, sur celle de l'indigo. Les plus convenables, quand elles ne sont ni crues ni froides, sont celles des rivieres et des ravines claires. Les eaux de puits chargées de sels, les eaux des mares, celles qui sont troubles, limoneuses ou corrompues par des matieres étrangeres ou par des insectes, alterent la qualité de l'indigo. Celui qui a été fabriqué avec des eaux salines, conserve ou attire une humidité qui se développe toujours dès qu'il est renfermé pendant quelque tems. Il est, par cette raison, et malgré sa belle apparence, d'une dangereuse acquisition. Il pèse ordinairement plus qu'un autre.

De la fermentation.

Lorsqu'on a apporté l'herbe des champs, elle est jetée à la pourriture, et on l'arrange et l'étend de maniere qu'il n'y ait aucun vide ni aucune masse. Trente ou quarante paquets suffisent pour la cuve dont on a donné les proportions. Quand elle est chargée, on y verse ou on y introduit une quantité d'eau suffisante pour la remplir jusqu'à six pouces des bords. On dispose ensuite les palissades, qui sont assujetties par les clefs. L'herbe doit être surmontée par l'eau de trois ou quatre pouces ; mais on a attention de ne pas trop la comprimer, afin de ne pas s'opposer au développement que la fermentation doit occasionner. Elle ne tarde pas à s'établir. Elle s'exécute de la même maniere que celle du raisin dans la cuve ; mais elle est plus rapide et plus tumultueuse : on voit s'élever du fond de la pourriture, avec un certain bouillonnement, une grande quantité d'air et de grosses bulles de liqueur, qui, s'affaissant, teignent la superficie de la cuve d'une couleur verte ; cette couleur devient par degrés extrêmement vive, et se communique bientôt à toute l'eau. Lorsqu'elle est au plus haut degré d'intensité, la surface du vaisseau présente un cuivrage superbe, qui est effacé à son tour par une crême d'un violet très-foncé, quoique la masse entiere de l'eau reste toujours verte. C'est le moment où la fermentation est dans sa plus grande activité. Des flots d'écume s'élevent alors, et retombent précipitamment dans la cuve. Le bouillonnement est quelquefois si violent, qu'il rompt ou souleve les palissades, et arrache les clefs qui n'ont pas été bien affermies dans la terre. Cette écume est très-spiritueuse ; si on y met le feu, il se communique rapidement à toute celle qui suit.

La fermentation dure plus ou moins, suivant les circonstances que j'ai déjà indiquées. Elle développe tous les sucs et toutes les parties propres à former l'indigo. Lorsqu'on veut juger de la disposition de tous ces principes à une union prochaine, on sonde la cuve. L'épreuve se fait avec une tasse d'argent semblable à celle d'un marchand de vin, dans laquelle on verse une petite quantité d'eau en fermentation ; on la remplit au tiers ou environ. Le dedans de cette tasse doit être très-clair, puisque c'est sur ce fond qu'on doit juger de l'état de la cuve ; s'il est crasseux, il fait paraître l'eau embrouillée et différente de ce qu'elle est effectivement ; de sorte qu'on s'imagine que l'indigo est trop dissous, tandis qu'il ne l'est pas même assez. On connaît l'état dans lequel il se trouve par le mouvement de la tasse, dont l'agitation produit à-peu-près ce que le battage opérerait en pareil cas dans la seconde cuve ; c'est-à-dire, que si la matiere avait assez fermenté pour que les parties, ayant les dispositions les plus prochaines à l'union, s'y déterminassent par le battage, il se forme également dans la tasse des petites masses ou grains plus ou moins distincts, suivant la qualité de l'herbe et le degré de la fermentation. Quand le grain est bien formé, il se précipite de lui-même au fond de la tasse, et ne laisse à l'eau qui le surnage qu'une couleur claire dorée, à-peu-près semblable à celle de la vieille eau-de-vie de Cognac. On renouvelle cette épreuve plusieurs fois, jusqu'à ce que les mêmes indices se montrent d'une maniere très-sensible.

On doit sonder la cuve en haut et en bas alternativement pour connaître mieux son état, et ne pas se laisser tromper sur les apparences. Quelquefois l'indigo ne présente qu'un faux grain à la superficie. D'ailleurs l'herbe qui est en bas entre plutôt en fermentation que celle de dessus, qui reste plus de deux heures avant d'être couverte ; et dans les tems pluvieux où l'indigo n'a besoin que de 10 à 12 heures de fermentation, le haut de la cuve change si peu qu'à peine y trouverait-on un grain qu'elle n'a pas la force de développer ou d'y soutenir. En général il faut une grande habitude pour bien juger du point parfait de la fermentation. Les saisons et les circonstances le font beaucoup varier ; on doit y avoir égard et chercher quelquefois des indices dans la couleur du liquide, lorsque son agitation dans la tasse n'offre qu'un grain imparfait ou qui a de la peine à se former. A Saint-Domingue, un nègre indigotier, avant de couler sa cuve, en goûtait toujours l'eau quatre ou cinq fois, sur-tout lorsque les signes ordinaires du degré juste de fermentation lui paraissaient faibles ou équivoques ; la saveur particuliere qu'il trouvait à cette eau en était un pour lui plus sûr que tous les autres. Jamais il ne se trompait ; et lorsque ses voisins jettaient des cuves à la vide, cet indigotier tirait le meilleur parti de la même herbe, venue et coupée dans le même tems.

Enfin quand on reconnaît, n'importe par quels moyens, que la fermentation est assez avancée, et que les atomes colorans commencent à se réunir, on saisit ce moment pour faire écouler toute l'eau qui en est chargée, dans la seconde cuve ; cette eau est alors d'un vert-foncé : la fermentation prolongée au-delà du terme précis ferait tomber les principes du grain dans une dissolution dont le battage ne pourrait le relever.

Du battage.

L'apprêt que reçoit l'extrait de la batterie est l'effet de l'agitation et du bouleversement qu'éprouve l'eau par la chûte des buquets. Ce mouvement prolonge tous les avantages de la fermentation, sans permettre à l'extrait de passer à la putridité, il tend à réunir toutes les parties propres à la composition de l'indigo, lesquelles se rencontrent, s'accrochent et se concentrent en forme de petites masses plus ou moins grosses : c'est ce qu'on appelle le grain regardé par les indigotiers comme l'élément de la fécule. L'eau qui paraissait d'abord verte devient insensiblement d'un bleu très-foncé, après avoir été fortement agitée.

Pendant le cours du travail, on jette, à différentes reprises, un peu d'huile de poisson dans la batterie, pour dissiper l'écume épaisse qui s'éleve sous le coup des buquets. La grosseur, la couleur et le départ plus ou moins prompt de cette écume servent encore, avec les indices tirés de la tasse, à faire juger de la qualité de l'herbe, de l'excès ou du défaut de fermentation, et à régler le battage. On doit aussi examiner l'eau : si elle est très-chargée, elle est suspecte de pourriture : quand elle est brune dans le haut, et verte à un pouce plus bas, elle annonce le même défaut. Une cuve, au contraire, qui manque de pourriture, montre toujours une peau rousse ou d'une couleur verte, tirant sur le jaune.

Le battage ne peut pas être réglé convenablement si l'indigotier ne s'assure, en battant la cuve, du degré de fermentation en plus ou en moins qu'a subi l'eau dans la pourriture. Quand il est habile, il s'en instruit avant que le grain soit tout-à-fait formé, et alors il ménage ou pousse le battage, selon l'excès ou le défaut de pourriture. L'opération doit être continuée jusqu'à ce que le grain se présente dans la tasse d'épreuve sous une forme convenable et dont on soit satisfait. Quand il s'arrondit et se concentre d'une maniere à caler et à rouler parfaitement au fond de la tasse; quand il se dégage bien de son eau, que cette eau paraît nette et claire, qu'elle offre la couleur que nous avons dit; quand enfin la tasse inclinée ne laisse voir au fond aucune crasse, c'est alors le moment de cesser le battage. Le battage, poussé trop loin, entraîne la dissolution dans l'eau des parties les plus subtiles de l'indigo; il produit un effet contraire à celui qu'on en attend. Le grain qui était déjà formé ou prêt à se former se décompose; il se divise et se perd dans l'eau qu'il rend trouble; et cette eau ne dépose, après un long repos, qu'une fécule imparfaite, d'où résulte un indigo mollasse.

Du reposoir et du diablotin.

Deux ou trois heures suffisent ordinairement au repos de la cuve, quand rien ne lui manque; mais il vaut mieux la laisser tranquille pendant quatre heures et même plus long-tems si l'on n'est pas pressé, afin que le grain le plus léger ait le tems de se déposer.

Des trois robinets que porte la batterie, on n'ouvre d'abord que le prémier, pour que l'écoulement n'occasionne aucun trouble dans la cuve. Quand toute cette premiere eau est épuisée, on lâche le premier robinet ; l'eau qui s'en échappe doit être, ainsi que la premiere, d'une couleur claire et ambrée. Ces eaux tombent naturellement dans le diablotin, d'où elles s'écoulent et se perdent dans la campagne par l'ouverture pratiquée au reposoir. On doit leur donner une issue telle qu'elles ne puissent se mêler à aucune autre eau, soit de riviere, de mare ou de ruisseau, parce qu'elle la rendrait mal saine, et même dangereuse pour les animaux qui en boiraient.

Après ces deux écoulemens, il reste au fond de la batterie un sédiment d'un bleu presque noir. On écoule encore, autant qu'il est possible, le peu d'eau superflue qui peut s'y trouver, en ouvrant à demi et repoussant à propos le troisieme robinet ; enfin on lâche tout-à-fait ce robinet pour recevoir la fécule dans le diablotin, qu'on a eu soin de vider auparavant. Elle ressemble en cet état à une vase fluide ; un panier placé au-devant de la bonde intercepte tout ce qui lui est étranger. Au moyen d'une moitié de calebasse on la retire du bassinet, et on la verse dans les sacs dont j'ai parlé. On laisse l'indigo s'y purger jusqu'au lendemain. Quand les sacs, qui doivent être lavés et séchés à chaque fois qu'on en fait usage, ne rendent plus d'eau, on les assemble deux à deux, en suspendant chaque lot aux mêmes chevilles. Cet assemblage le presse et acheve d'en exprimer le reste de l'eau.

De la dessiccation.

Lorsque la fécule s'est égoutée tout-à-fait, on la coule dans les caisses déjà décrites, qu'on expose en plein air. Elle s'y desseche insensiblement, et, pénétrée par le soleil, elle se fend comme de la vase qui aurait quelque fermeté. On doit commencer cette opération le soir plutôt que le matin, parce qu'une chaleur trop continuelle surprend cette matiere, en fait lever la superficie en écailles et la rend raboteuse, ce qui n'arrive point lorsqu'après trois ou quatre heures de chaleur, elle a un intervalle de fraîcheur qui donne le tems à toute la masse de prendre une égale consistance. On passe alors la truelle par-dessus pour en comprimer et rejoindre toutes les parties sans les bouleverser. Quelques personnes imaginent qu'en pétrissant l'indigo dans les caisses, lorsqu'il commence à sécher, cette espece d'apprêt lui donne de la liaison ; c'est une erreur, car cette liaison ne dépend uniquement que du juste degré de pourriture et de battage. Une cuve qui péche par l'un ou par l'autre en fournit la preuve ; alors l'indigo qui en provient s'écrase au moindre choc.

Aussitôt que la fécule ou pâte a acquis un degré de dessiccation convenable, on en polit la surface, et on la divise en petits carreaux qu'on laisse exposés au soleil jusqu'à ce qu'ils se détachent sans peine de la caisse, et paraissent entièrement secs. Dans cet état, l'indigo n'est pourtant pas encore marchand : avant de le livrer, il faut qu'il ait ressué ; si on l'enfutaillait auparavant, on ne trouverait au bout de quelque tems que des fragmens de pâte détériorée et de mauvais débit.

Pour le faire ressuer, on le met en tas dans quelque barrique recouverte de son fond désassemblé, et on l'y laisse environ trois semaines. Pendant ce tems, il éprouve une nouvelle fermentation, s'échauffe, rend de grosses gouttes d'eau, jette une vapeur désagréable, et se couvre d'une fleur fine et blanchâtre. Enfin on le découvre, et sans être exposé davantage à l'air, il seche une seconde fois en moins de cinq à six jours. Lorsqu'il a passé par ce dernier état, il a toutes les conditions requises pour être mis dans le commerce. Mais il faut le vendre tout de suite, si l'on ne veut pas supporter le déchet auquel il est sujet dans les premiers six mois qui suivent sa fabrication, et qu'on peut évaluer à un dixieme et même au-delà.

Dans quelques plantations, on le fait sécher à l'ombre, dès que les carreaux quittent la caisse. Cette méthode est longue, parce qu'il s'écoule plus de six semaines avant qu'il soit en état de ressuer, mais elle est très-favorable à l'indigo, qui en acquiert plus de lustre et une nouvelle liaison; d'ailleurs il n'éprouve pas dans la suite le même déchet que celui dont la dessiccation s'achève au soleil, et il lui est supérieur en qualité. Cependant la lenteur du desséchement favorise le ravage des mouches, qui, attirées par l'odeur très-forte qu'exhale l'indigo, se jettent sur cette matiere, en dévorent autant qu'elles peuvent, et y déposent leurs œufs, d'où sortent des vers en moins de 48 heures. Ces vers travaillent à l'abri du soleil dans les intervalles des carreaux, ou dans les fentes mêmes de l'indigo, le ramolissent, et le chargent d'une humeur glutineuse, qui en altere la qualité et cause une perte réelle. Quelquefois on est obligé d'employer les fumigations dans la sécherie, pour en éloigner les mouches, sur-tout lorsque le tems est couvert et disposé à la pluie.

Catalogue des plantes qui fournissent des couleurs bleues et vertes.

Centaurea cyanea : tige bouillie donne à l'eau une couleur bleue. A Mesbourg, préparée comme le pastel, elle donnait une belle couleur bleue.

Centaurea giacæa : On retire une couleur bleue de ses pétales.

Agrostis spica venti : teint la laine en verd.

Chærephyllum silvestre : donne une belle couleur verte.

La grande Chélidoine : bleue.

Chou violet et noir : donne de l'indigo en petite quantité, d'après Fabroni.

Croton tinctorium : on fabrique avec son suc le tournesol.

Fraxinus exsucca : écorces, tiges, teignent l'eau en bleu, et fixent cette couleur sur les laines qui ont déjà bouilli avec le *lycopodium complanatum.*

Anemone pulsakela : encre verte avec le suc des corolles.

Delphinum consolida : encre bleue, avec le suc des corolles.

Glastrum silvestre : sa graine donne sur le papier une belle couleur bleue.

Iris : ses corolles donnent une couleur verte.

Lycopodium clavatum, *lycopodium alpinum*, *lycopodium complanatum :* selon Vestring, bouillis avec un peu de bois de Brésil, teignent les laines en une belle couleur bleue, résistant aux savons, mais attaquable par les acides.

Mercurialis perennis : son suc donne une couleur bleue.

Onycera periclymena : sa racine fournit une couleur bleue.

Onycera cœrulea : ses baies, *idem.*

Polygona varia : ses feuilles ; Thunberg dit qu'au Japon on en retire de l'indigo.

Polyganum aviculare : idem.

Senecio jacobeæ : racines, feuilles, tiges fraîchement cueillies teignent les laines en vert.

Scabiosa folio integro, *glabro :* teint les laines en vert. On la prépare en Suède comme le pastel en France.

Sandragon ou *patience sauvage :* donne un suc cramoisi, qui se change en beau bleu.

Trifolium pratense : on teint les laines en vert, en Suède, avec les sommités de cette plante.

Pour prouver l'importance dans le seizieme siécle du commerce du pastel, j'ai cru devoir insérer, copié sur l'original, l'extrait des lettres-patentes accordées en 1552 par le roi Henri II, aux marchands et bourgeois de Toulouse, pour les autoriser à faire, pendant la guerre, le commerce de leur pastel, avec les Anglais, les Espagnols, etc.

HENRY, par la grace de Dieu, Roy de France, à tous nos lieutenants generaulx, vis admirauls, baillifs, senechaulx, prevots, maires, et echevins, consuls, gouverneurs des villes, cités, chastellenies, capitaines des navires et autres vaisseaux, gardes des portes, havres, ponts, passaiges, peages, juridictions et destroicts, et à tous nos justiciers, officiers et subjets auxquels ces presentes seront montrées, salut et dilection. Nos chers et bien amés les bourgeois, marchands et habitans de notre ville de Toulouse, nous ont fait entendre et remonstrer que au sauf conduit, congé et permission generalle que nous leur avons octroyée le 26me de fevrier dernier, il a été obmis d'expeciffier et particulariser les lieux et villes hors notre dit royaulme où ils ont accoustumé de transporter, debiter et vendre leur marchandise de Pastel et autres quelconques non prohibées, ne deffendues, comme en Flandres, Portugal, Espagne, Angleterre, ny pareillement les navires et vaisseaux sur lesquels lesdits supplians pourront charger, envoyer et conduire à seurté leursdites marchandises de Pastel et autres non prohibées ne deffendues : comme navires espagnols, portugalois, anglois, flamans, sterlins et autres, pourveu qu'ils ne soient armés d'aucune sorte d'armes offensives ne deffensives, pour sur iceulx charger, mener, conduire ou faire conduire par eulx ou leurs serviteurs, facteurs ou entremeteurs en quelques endroits d'iceulx pays qui leur semblera bon hors nosdits royaulme, païs, terres et seigneuries, et où ils verront leur commodité meilleure : nous requerant sur ce vouloir declarer nos vouloir et intention : Nous à ces causes voulans subvenir à nos sujets selon l'exigence des cas, et par tous moyens leur donner occasion de continuer icelle trafficque et negociation à eulx très necessaire, et à Nous profitable pour le bien de la republique de notre dit royaulme, et augmentation de nos droits et devoirs : pour ces causes et autres bonnes considérations à ce Nous mouvans, avons voulu declaré et ordonné, voulons, declarons et ordonnons, et en ampliation de notredit sauf conduit general, nous plaist que auxdits suppliants soit permis et loisible tirer, enlever et sortir, et faire sortir hors notre dit royaulme, païs, terres et seigneuries, telle quantité de Pastel que bon leur semblera, et leurs forces le pourront porter, et toutes autres sortes de marchandises non prohibées ne deffendues tant par mer que par terre et eau doulce, et icelles marchandises mener, conduire, ou faire conduire par eulx ou leurs serviteurs, facteurs ou entremetteurs, tant en Espagne, Flandres, Portugal, Angleterre que ailleurs, que bon leur semblera hors nos dits royaulme, pays, terres et seigneuries, et icelles charger, mener, transporter et conduire, debiter et descharger ez dits pays, tant sur navires françois, espagnols, portugalois, anglois, flamans, sterlins et autres quels qu'ils soyent, pourveu, comme dit est, qu'ils ne soyent aucunement armés d'aucunes armes offensives ne deffensives, en payant toutesfois par eulx et chacun d'eulx nos droits de traicté, imposition foraine et autre subside à nous deu, comme il est plus amplement expecifié audit sauf conduit general, auxquels lieux lesdits suppliants ou leurs dits serviteurs pourront vendre, debiter, trocquer et charger lesdites marchandises, et en achepter d'autres, lesquelles en iceulx lieux ils pourront mectre et charger sur tels navires qu'ils voudront, tant françois, espagnols, sterlins, flamans, anglois, ou autres pour les mener, conduire, ou faire conduire avec lesdites marchandises par eulx ou leursdits serviteurs et facteurs, en nos ports, havres, et autres lieux de notredit royaulme, et pour la commodité d'icelui de nous ou de notre peuple. Si voulons, vous mandons, et très expressement enjoignons et à chacun de vous si comme et lui appartiendra, que de nos presente ampliation, grace, sauf conduit, congé, permission et declaration vous faictes et souffres lesdits suppliants et chacun d'eulx jouir et user plainement et paisiblement, sans que au moyen de ladite guerre et de l'obmission d'avoir ce dessus plus amplement et declairement expécifiés auxdits lettres de sauf conduit general leur soit faict, mys ou ibimé, ny à leursdits serviteurs, facteurs, commis et députés, navires, vaissaulx ou charroys où ledit Pastel sera chargé, ou autres marchandises, aucun arrest, trouble et destourbier, ny empeschement au contraire tant allant que revenant, ny en aucune maniere que ce soit, lequel si faict, mys ou ibimé leur aurait esté, le mecte et fassent mettre incontinent et sans delay à plaine et entiere delivrance, et au premier estat et deu, CAR TEL EST NOTRE PLAISIR; et pour ce que de ces presentes l'on pourroit avoir à faire en plusieurs et divers lieux, nous voulons que au vidimus d'icelles faict sous scel royal ou collationné par un de nos amés et feaulx notaires et secretaires foi soit ajoutée comme à ce présent original. DONNÉ a Chalons, le vingt-quatrieme jour d'apvril, l'an de grace mil cinq cent cinquante-deux, et de notre regne le sixième; *et plus bas* par le roy en son conseil établi a Chalons, nous présent, *signé* BURGENSIS un seing et paraffe, et scellé sur simple queue en cire jaulne fe. Collation faicte a l'original, par moi notaire et secrétaire du roi, le XXII jour de may, l'an mil cinq cent cinquante-deux. DUVAL, signé avec paraffe.

FIN.

www.ingramcontent.com/pod-product-compliance
Lightning Source LLC
LaVergne TN
LVHW050431160826
845677LV00002BA/658

* 9 7 8 2 3 2 9 6 8 6 7 6 9 *